65. Gewöhnliche Haubennetzspinne
Phylloneta impressa

66. Mondspinne
Parasteatoda lunata

67. Gewächshaus-Mondspinne (w)
Parasteatoda tepidariorum

68. Gewächshaus-Mondspinne (m)
Parasteatoda tepidariorum

69. Rotgestreifte Kugelspinne
Enoplognatha cf. ovata

70. Bunte Bodenkugelspinne
Asagena phalerata

71. Vierhöcker-Spinnenfresser (w)
Ero aphana

72. Große Zitterspinne
Pholcus phalangioides

73. Grüne Huschspinne (m)
Micromata roseum

74. Graubrauner Flachstrecker
Philodromus cespitum

75. Zweifarbflachstrecker (m)
Philodromus dispar

76. Silbergras-Herzfleckläufer (m)
Thanatus formicinus

77. Speispinne
Scytodes thoracica

78. Herbstspinne
Metellina segmentata

79. Dunkle Dickkieferspinne
Pachygnatha degeeri

80. Höhlenkreuzspinne
Meta menardi

Heimische Spinnen im Vergleich

QUELLE & MEYER
BESTIMMUNGSKARTEN

1. Labyrinthspinne
Agelena labyrinthica

2. Große Hauswinkelspinne
Eratigena atrica

3. Rostrote Winkelspinne
Tegenaria ferruginea

4. Wald-Winkelspinne
Tegenaria silvestris

5. Kellerspinne
Amaurobius ferox

6. Baumstumpfspinne
Callobius claustrarius

7. Vierfleck-Zartspinne
Anyphaena accentuata

8. Eichblatt-Radspinne
Aculepeira ceropegia

9 a. Körbchenspinne
Agalenatea redii

9 b. Körbchenspinne
Agalenatea redii

10. Gartenkreuzspinne
Araneus diadematus

11. Zebraspinne
Argiope bruennichi

12 a. Vierfleckkreuzspinne
Araneus quadratus

12 b. Vierfleckkreuzspinne
Araneus quadratus

13. Kürbisspinne
Araniella cucurbitina

14. Marmorierte Kreuzspinne
Araneus marmoreu

15. Schilfradspinne
Larinioides cornutus

16. Spaltenkreuzspinne
Nuctenea umbratica

17. Zwergradnetzspinne
Zilla diodia

18. Gemeine Tapezierspinne
Atypus affinis

19. Herbststreu-Spinne
Cicurina cicur

20. Gelbe Kräuselspinne
Nigma flavescens

21. Grüne Kräuselspinne
Nigma walckenaeri

22. Kleiner Asseljäger
Dysdera erythrina

23. Ringelfüßige Röhrenspinne (m)
Eresus sandaliatus

24. Ammen-Dornfinger
Cheiracanthium punctorium

25. Gefleckte Mausspinne
Scotophaeus scutulatus

26. Gewöhnlicher Ameisendieb
Callilepis nocturna

27. Baldachinspinne
Linyphia triangularis

28. Bergstreckerspinne
Tetragnatha montana

29. Feldspinne
Liocranum rupicola

30. Pfingst-Scheintarantel
Alopecosa farinosa

31. Kieslaufwolf (m)
Pardosa wagleri

32. Rustikale Wolfsspinne
Trochosa ruricola

33. Großer Sonnenwolf
Xerolycosa nemoralis

34. Netzwolf
Aulonia albimana

35. Trauerwolfspinne
Pardosa lugubris

36. Piratenspinne
Pirata piraticus

37. V-Fleck-Springspinne
Aelurillus v-insignitus

38. Kleiner Baumspringer
Dendryphantes rudis

39. Gewöhnlicher Schönbrauspringer (m)
Euophrys frontalis

40. Wollige Mauerspringspinne*
Pseudophrys lanigera

41. Gebänderte Bodenspringspinne (w)
Phlegra fasciata

42. Dunkler Sichelspringer (w)
Evarcha arcuata

43. Rindenspringspinne
Marpissa muscosa

44. Goldaugen-Springspinne
Philaeus chrysops

45. Zebraspringspinne
Salticus scenicus

46. Stein-Sonnenspringer
Heliophanus aeneus

47. Vierfleck-Kalkspinne (w)
Titanoeca quadriguttata

48. Vierfleck-Kalkspinne (m)
Titanoeca quadriguttata

49. Apenninenkanker
Opilio canestrinii

50. Weberknecht
Phalangium opilio

Bildnachweis: Alle Bilder stammen von Wolfgang Willner.

Projektberatung und Zusammenstellung: Wolfgang Willner

Druck und Verarbeitung: Zimmermann Druck + Verlag GmbH

ISBN: 978-3-494-01908-6
Best.-Nr.: 494-01908

9 783494 019086

QUELLE & MEYER
BESTIMMUNGSKARTEN

51. Großer Ameisenspringer
Leptorchestes berolinensis

52. Ameisenspinne (m)
Synageles venator

53. Gewöhnliche Fischernetzspinne (w)
Segestria senoculata

54. Luchsspinne
Oxyopes ramosus

55. Gerandete Jagdspinne
Dolomedes fimbriatus

56. Listspinne
Pisaura mirabilis

57 a. Veränderliche Krabbenspinne
Misumena vatia

57 b. Veränderliche Krabbenspinne
Misumena vatia

58. Dreieck-Krabbenspinne
Ebrechtella tricuspidatus

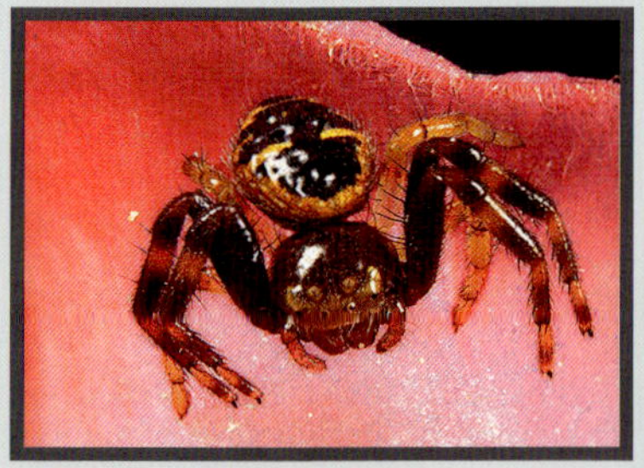

59. Glanzkrabbenspinne
Synema globosum

60 a. Blumenkrabbenspinne
Thomisus onustus

60 b. Blumenkrabbenspinne
Thomisus onustus

61. Gewöhnliche Krabbenspinne (w)
Xysticus cristatus

62. Sumpfkrabbenspinne
Xysticus ulmi

63. Schlanke Haarkrabbenspinne
Heriaeus oblongus

64. Wald-Zwergkrabbenspinne (m)
Ozyptila praticola